RAPPORT

A LA SOCIÉTÉ D'AGRICULTURE

DE CHALON-SUR-SAONE.

RAPPORT

A LA SOCIÉTÉ D'AGRICULTURE

DE CHALON-S.-S.,

SUR UNE PÉTITION RELATIVE A LA JOUISSANCE

DES TERRAINS COMMUNAUX,

Par M. Jules SEURRE, Maire de Demigny.

MEMBRE DE PLUSIEURS SOCIÉTÉS AGRICOLES.

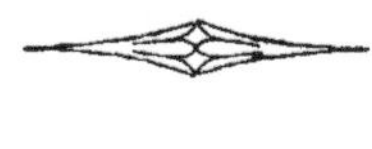

CHALON-SUR-SAONE,

IMPRIMERIE ET LITHOGRAPHIE DE J. DEJUSSIEU.

AVRIL 1844.

RAPPORT

A LA SOCIÉTÉ D'AGRICULTURE

DE CHALON-S.-S..

SUR UNE PÉTITION RELATIVE A LA JOUISSANCE

DES TERRAINS COMMUNAUX,

Par M. Jules SEURRE.

Séance du **15** *Mars* **1844.**

Présidence de M HUMBLOT-CONTÉ, Pair de France.

MESSIEURS,

Désigné par vous pour faire un rapport sur le nouveau mode réclamé pour la jouissance des biens communaux, il m'eût été difficile sans doute de traiter seul une question aussi grave avec les lumières et la maturité qu'elle exigerait. Ce n'est donc ici qu'un simple aperçu que je soumets à votre appréciation.

Les pétitionnaires demandent une nouvelle loi qui reposerait sur deux grands principes :

1.° *Les communes sont nu-propriétaires des terrains communaux ;*

2.° *Les habitants en sont les usufruitiers.*

Examinons successivement ces deux propositions.

Sur le premier point : *les communes sont nu-propriétaires des terrains communaux ;* je pense avec les pétitionnaires que la loi du **10** juin **1793**, en décrétant le partage définitif des biens communaux, a méconnu les vrais principes du droit. Cette loi tend en effet à dépouiller les générations futures au profit de la génération présente, et sacrifie l'intérêt communal de l'avenir aux exigences souvent peu réfléchies de l'intérêt présent et particulier.

Heureusement que ses effets ont été évités en grande partie par la répugnance ou l'inertie des populations rurales, et, bien que ces répugnances n'eussent peut-être pas leur source dans une saine appréciation des conséquences de la loi elle-même, leur résultat n'a pas moins été de restreindre l'exécution d'une mesure inique et désastreuse (1).

La loi du **10** juin **1793** est donc depuis long-temps une lettre morte, et dont les rares applications n'avaient servi qu'à démontrer tous les dangers, lorsqu'elle fut implicitement abrogée par le décret du 9 brumaire an **XIII**; on ne peut songer sérieusement à la faire revivre.

(1) Une des dispositions les plus singulières de cette loi qui appelait tous les habitants d'une commune , *y compris les femmes* , à délibérer sur la question de partage, c'est qu'il suffisait *du tiers des voix* pour l'affirmative. La mesure ainsi votée par la minorité devenait alors *irrévocable.*

Le maintien des communes dans la nue-propriété de ces terrains, avec faculté d'aliénation seulement pour cause d'urgence ou d'intérêt public bien constaté, devrait donc être posé comme fondement de la loi sollicitée.

Sur la seconde proposition : *les habitants sont les usufruitiers des terrains communaux*, elle me semble, Messieurs, découler naturellement de la première, et je ne pense pas qu'à moins d'une nécessité bien évidente la caisse communale puisse jamais absorber à son profit les produits d'un sol dont chaque habitant doit tirer un avantage individuel.

Les deux propositions me semblent donc tout-à-fait connexes, et la seconde devra former, en droit comme en fait, le complément et le corollaire de la première.

Passons maintenant à l'application et au mode de jouissance.

C'est ici, Messieurs, que se rencontrent les difficultés les plus sérieuses, et je vous répète que je n'ai point la prétention de les résoudre aussi légèrement. Je vous exposerai seulement le premier jet de mes idées sur cette question délicate.

1.º Devra-t-on continuer le mode de jouissance actuel, et laisser à la pâture tous les terrains aujourd'hui livrés à cet usage?

2.º Devra-t-on les amodier en bloc ou partiellement aux enchères publiques ?

3.º Devra-t-on, comme le proposent les pétitionnaires, procéder par l'allotissement ?

Quant au premier point, Messieurs, ce n'est pas au moment où les saines doctrines agricoles se propagent avec succès, ce n'est pas au moment où les admirables travaux des *Thaer*, des *Mathieu de Dombasle* et autres illustrations de la science ont jeté de si grandes lumières sur une question maintenant jugée, que je viendrais proposer la continuation du système vicieux de la dépaissance communale ou particulière, et demander en principe le maintien du *statu quo* (1).

Il serait facile, Messieurs, de démontrer mathématiquement qu'avec la moitié des terrains communaux livrés à la pâture on pourrait, par un meilleur système, nourrir à l'étable plus de bétail et d'une manière bien supérieure que dans l'état de choses actuel. Je n'entrerai point aujourd'hui dans les développements de cette proposition, qui ne trouvera probablement pas de contradicteurs parmi vous, et qui pourra faire l'objet d'un article spécial dans le journal de la société.

Vient ensuite l'amodiation aux enchères. Cette mesure, si elle s'exécutait par lots importants, aurait suivant moi, Messieurs, le grave inconvénient de livrer toutes les ci-devant pâtures communales aux propriétaires et riches fermiers. Le petit cultivateur, le prolétaire, forcé de vendre la vache nourricière de sa famille, ne se croirait certainement pas dédommagé par le versement du prix des amodiations dans la caisse publique, et

---

(1) Pour apprécier à sa juste valeur les avantages du *statu quo*, il suffira de jeter un coup-d'œil sur la pétition des habitants d'Ouroux. Cette commune, voisine de Chalon, a peine à aligner son budget annuel. Le rôle d'affouage des bois qu'elle possède est si élevé, que plusieurs habitants abandonnent leur portion. Elle s'impose tous les ans des charges onéreuses pour l'entretien fort incomplet de ses chemins, et cependant elle possède au soleil des terrains communaux en valeur de PLUS D'UN MILLION !

l'emploi que l'administration pourrait en faire, quelque judicieux qu'il fût d'ailleurs, lui semblerait toujours une triste compensation.

On m'objectera peut-être qu'il serait facile de répartir le prix d'amodiation entre chacun des ayant-droit, mais je répondrai que cette distribution atteindrait fort imparfaitement le but, car la somme versée ne remplacera jamais pour le cultivateur le travail qui amène toujours à sa suite l'aisance et la moralité.

Je ne prétends pas cependant repousser l'amodiation d'une manière absolue, mais je voudrais la restreindre aux portions trop éloignées ou trop minimes pour être alloties ou exploitées communalement. L'administration supérieure pourra sans inconvénient être juge de l'opportunité.

En principe, les terrains communaux doivent être la ressource du pauvre. Lui en enlever la jouissance serait une usurpation que la nécessité communale pourrait seule justifier; il faut au contraire lui conserver cette jouissance intacte en multipliant les avantages qu'il peut en retirer.

L'amodiation par lots de peu d'étendue en permettrait sans doute l'accès au petit cultivateur ; mais, outre les désavantages du morcellement indéfini dont je parlerai plus loin, ce serait faire payer souvent fort cher aux adjudicataires le fermage d'un terrain *qui leur appartient.*

L'amodiation aux enchères écartée, reste l'allotissement réclamé par les pétitionnaires.

Il est bien certain, Messieurs, que ce mode de répartition paraît au premier aspect le plus équitable et le plus utile. Chaque habitant ayant son lot à part, se gardera bien d'y laisser fleurir les ronces, les chardons et les herbes marécageuses qui couvrent aujourd'hui la majeure partie de ces terrains, et bientôt des récoltes de toute espèce viendront remplacer la triste pâture qui alimente en ce moment un maigre bétail.

Aussi, Messieurs, je pense que nous ne devrions pas hésiter à nous ranger à cet avis, s'il ne renfermait en lui-même des inconvénients qu'il serait, selon moi, très-facile d'éviter.

1.º L'allotissement, praticable sur de grandes surfaces, deviendrait impossible ou dérisoire sur des terrains de peu d'étendue ;

2.º L'allotissement tendrait à maintenir et à propager un abus qu'on devrait chercher à restreindre, le morcellement des cultures, et par suite le défaut d'ensemble et d'harmonie qui s'oppose énergiquement au progrès agricole (1) ;

3.º L'allotissement, dans l'état encore arriéré de nos campagnes et avec la cupidité mal entendue des populations rurales, enlèverait de suite une immense partie de la nourriture du bétail, et il en résulterait nécessairement que le nombre de celui-ci diminuerait, tandis que

(1) Les vices du morcellement indéfini sont si généralement reconnus, que dans plusieurs localités on a tenté de réunir en un seul lot toutes les parcelles disséminées de la propriété privée. Cette mesure présente sans doute des difficultés immenses et peut-être insurmontables aujourd'hui ; mais s'il est impossible de la généraliser, qu'on n'étende pas du moins l'abus aux parties encore entières de la propriété communale.

la quantité des terres en culture augmenterait dans la commune. Or, c'est précisément le système contraire qu'il faut encourager.

Maintenant, n'y aurait-il pas un procédé qui offrirait les avantages de l'allotissement pur et simple sans en avoir les inconvénients, et qui réaliserait en même-temps cette culture unitaire et perfectionnée à laquelle doivent tendre tous nos efforts?

Ici, Messieurs, je vais émettre une opinion qui de prime-abord vous semblera peut-être paradoxale, mais que je recommande néanmoins à votre attentif examen.

Pourquoi la commune n'interviendrait-elle pas elle-même directement dans le défrichement et la culture de tous ses terrains vagues, de tous ses pâturages?

Les inconvénients du morcellement absolu disparaîtraient. Un assolement uniforme et invariable, *dans lequel les plantes fourragères tiendraient une place notable*, serait adopté sur les terrains communaux de chaque localité. La commune se chargerait des travaux préliminaires, ainsi que des labours et semences, lesquels seraient confiés aux meilleurs cultivateurs du pays.

Les lots seraient ensuite délivrés aux habitants qui exécuteraient eux-mêmes les travaux manuels, et prendraient le soin des récoltes à leurs périls et risques.

On réunirait ainsi aux avantages incontestables de la grande culture unitaire les soins minutieux de la petite culture en détail. On pourrait alors sans inconvénient diviser les lots à l'excès, même dans des terrains de fort peu d'étendue et dont la répartition deviendrait impossible avec un autre procédé.

D'après ce système les habitants seraient tenus préalablement :

1.º De rembourser les frais de labourage et de semence ;

2.º De payer une petite somme proportionnée aux besoins de la commune ;

3.º De fournir eux-mêmes dans le lot qui leur serait échu la quantité d'engrais jugée nécessaire, à moins que la commune ne puisse les acheter en masse, moyen préférable sans doute, mais qui ne serait pas exécutable en tous lieux.

De cette manière, Messieurs, les bonnes doctrines élémentaires de l'agriculture seraient bientôt vulgarisées et mises sous les yeux de tous. Les communes, moins timorées que les particuliers, hasarderaient quelques essais d'amendement et de procédés nouveaux dont la réussite amènerait l'imitation sur les terrains particuliers. Chaque habitant ayant sa portion dans les cultures fourragères, serait forcé de la faire consommer par son bétail à l'étable, et reconnaîtrait bientôt la différence du vieux et du nouveau système. La plupart des communes auraient ainsi, sans embarras, sans risques et sans révolutions, une sorte de ferme expérimentale à la prospérité de laquelle tous viendraient forcément concourir. Le progrès se propageant alors avec rapidité, ce système pourrait devenir un puissant auxiliaire pour les sociétés agricoles et les fermes-modèles, institutions précieuses, mais trop rares et opérant toujours dans un rayon très-circonscrit.

La transition se ferait sans secousse et sans rompre trop brusquement les usages actuels. Ainsi le défrichement aurait lieu partiellement, et serait divisé en autant d'années que le comporterait l'assolement adopté, de telle sorte que, dès la troisième et même dès la seconde année, une sole de prairies artificielles viendrait ajouter sa masse de fourrages succulents aux ressources que fourniraient encore les pâturages existants.

Je ne sais si je m'abuse, Messieurs, et sur ce point je m'en réfère à vos lumières, mais il me semble que cette idée, mûrie et sagement appliquée suivant les lieux et les circonstances, pourrait contenir un germe fécond d'avenir, et faciliterait peut-être la solution d'un grand problème agricole.

Quel que soit enfin, Messieurs, le mode qu'on emploie pour sortir d'un système déplorable, il faut, ainsi que l'observent fort bien les pétitionnaires, s'attendre à rencontrer des entraves et des mauvais vouloirs de la part de quelques intérêts froissés, et peut-être même dans le principe chez ceux qui sont destinés le plus spécialement à recueillir les fruits de cette réforme salutaire.

Il est bien certain, par exemple, que le riche fermier qui, dans certains lieux, envoie 12 ou 15 têtes de bétail au parcours, trouvera dur de ne pas obtenir dans la répartition générale une part plus forte que celle du manœuvre qui ne possède qu'une seule vache ou même n'en possède quelquefois pas du tout; mais de cette manière seulement se trouvera, Messieurs, la justice et l'égalité. Le système actuel de jouissance ne me semble fondé ni en droit ni en raison. Les avantages relatifs sont encore du côté du riche, et il est temps de rendre au pauvre sa part entière de l'héritage communal.

Je pense donc, Messieurs, que notre Société agricole signalerait utilement ses débuts en demandant aux Chambres, en son propre nom, une loi sage et féconde, qui, tout en maintenant intacts les droits individuels à la richesse communale, fournirait du travail aux classes indigentes, multiplierait le bétail, augmenterait la masse des engrais, décuplerait peut-être en certains lieux le produit des terrains qui nous occupent, et populariserait la réforme pour tous les autres.

Avec une telle perspective, espérons, Messieurs, que le législateur, fort de la conscience du bien qu'il doit obtenir, saura s'élever au-dessus de mesquines considérations de popularité momentanée, et bravera s'il le faut l'aveuglement présent en comptant sur l'infaillible justice de l'avenir.

APPENDICE

Au Rapport ci-dessus.

FACILITÉ DE LA CULTURE UNITAIRE

DES TERRAINS COMMUNAUX.

Une des premières objections qui paraît devoir s'élever contre le projet de participation des communes à la mise en culture de leurs terrains vagues, ce serait la difficulté de faire consentir les maires à compliquer leurs travaux d'une pénible surveillance agricole. Les conseils municipaux se prêteraient aussi difficilement, dit-on, à l'exécution d'une mesure antipathique à plusieurs d'entre eux.

Cette objection n'est certainement pas sans fondement. Mais, bien que la surcharge qu'apporterait ce nouveau travail se réduise à peu de chose, ainsi que je vais essayer de le démontrer, il est un moyen facile de triompher des dispositions hostiles ou indolentes qui se manifesteraient dans le sein de l'administration locale : ce serait, comme l'indique un des membres de notre société, administrateur de talent et d'expérience, et qui a embrassé chaudement le fond de l'idée que je cherche à faire prévaloir; ce serait, dis-je, de créer dans chaque commune une commission syndicale ou comité spécial de culture , dont les attributions se borneraient à diriger l'exécution de la mesure adoptée.

Les opérations de cette commission , choisie par l'administration supérieure , seraient-elles réellement onéreuses et compliquées? je crois pouvoir établir le contraire.

Travaux préliminaires à la mise en culture.

S'il se trouve dans les terrains communaux à défricher des assainissements , remblais , ou autres travaux analogues à exécuter préalablement , la commission les fera opérer par entreprise , et le montant de ces dépenses sera remboursé immédiatement ou par annuités , selon leur importance. L'intervention du comité se bornera donc sur ce point à une surveillance temporaire et qui ne se renouvellera plus. Supposons maintenant que sur les terrains à cultiver on juge convenable d'adopter l'assolement quadriennal ainsi qu'il suit :

Cultures sarclées. — Avoine. — Trèfle. — Blé.

1.re SOLE. — *Cultures sarclées.*

Ce genre de culture devant être la base et le pivot de tout assolement progressif, il convient de lui donner une attention spéciale.

Un *défoncement* ou labour profond , mais gradué suivant les diverses natures de terrain , sera d'abord indispensable, et devra s'exécuter soit à la fin de l'automne, soit aux premiers jours du printemps.

Le second point sera *la livraison des engrais* qui pourront être appliqués sur la culture sarclée pour toute la durée de l'assolement (1).

Le troisième enfin sera la semaille des plantes.

Le rôle de la commission se bornera donc à l'adjudication et à la surveillance de ces trois opérations. Ce travail, réparti entre chacun des membres, exigera d'autant moins d'embarras pour eux qu'ils seront appelés par leur intérêt particulier sur les lieux mêmes où cette légère surveillance doit s'exercer.

La semaille effectuée, chaque habitant dont le lot aura été désigné *préalablement à la conduite des engrais*, conservera ce qui lui est échu pendant toute la durée de l'assolement. Il sarclera lui-même ses plantes et les récoltera en temps utile (2).

2.me SOLE. — *Avoine.*

L'avoine sera semée ordinairement sur un seul labour avec un trèfle par-dessus. La commission ayant adjugé le labour et acheté les graines de semence, le cessionnaire soignera et engrangera lui-même sa récolte.

---

(1) Je ferai remarquer ici qu'opérant sur des terrains en pâtures et riches d'un repos immémorial, la première et peut-être la seconde rotation pourra se passer d'engrais, ce qui simplifiera d'autant la surveillance de la commission.

(2) Si une partie de la sole des plantes sarclées est en pommes-de-terre, les habitants exécuteront eux-mêmes la plantation à la main derrière la charrue.

3.me SOLE. — *Trèfle.*

La commission se chargera de l'acquisition du plâtre nécessaire aux légumineuses, et le distribuera à chacun des cessionnaires, qui sera tenu d'en rembourser le prix et fera lui-même ses deux coupes de fourrage, s'il y a lieu. La 3.me sera enfouie par un seul labour, et le blé semé à la herse sans fumier. La commission n'aura encore qu'à adjuger le labour et acheter la semence.

4.me SOLE. — *Blé.*

Les soins de la moisson en herbe et la récolte devant être à la charge du cessionnaire, la commission n'a pas à intervenir.

A la 5.me année, les mêmes travaux se représentent sur la même sole, et les lots se répartissent de nouveau (1). Les devoirs de la commission ne sont, comme on le voit, nullement compliqués dans tout ceci. Il faudrait un mauvais vouloir évident pour se refuser à un si léger fardeau qui doit être suivi de tant de bien.

On remarquera d'ailleurs que tout ce système n'a rien en réalité de plus excentrique que ce qui s'opère chaque année dans les bois affouagés dont l'exploitation s'exécute sous la direction de l'administration forestière, et tout le monde conviendra sans doute que l'abandon absolu de chaque lot de bois à la discrétion de l'usager serait le signal d'une dévastation complète.

---

(1) On n'oubliera pas que l'assolement quadriennal est pris ici comme *type*, mais non comme *règle*.

Les mêmes désordres pourraient se représenter à peu de chose près dans la cession absolue et sans surveillance des lots de terres à cultiver, et chacun chercherait à épuiser le plus possible celui qu'il posséderait momentanément avant de le céder à d'autres (1).

On me citera peut-être des communes ou l'allotissement pur et simple a fort bien réussi *jusqu'à présent*.

Dans le cas où cet état de choses se prolongerait ainsi *depuis longues années*, je répondrai : Ou ces communes sont à proximité des villes et se procurent des engrais à bon marché, ou elles possèdent en outre des terrains communaux mis en culture, des prairies qui permettent l'élève du bétail, ou elles se trouvent dans des conditions

(1) A l'appui de cette opinion, et sur les inconvénients inhérents à la culture morcelée, je citerai le passage suivant d'une brochure fort remarquable, publiée récemment par M. *de Monseignat*, député de l'Aveyron.

« Le sol est tellement fractionné, que des milliers de familles de cultivateurs doivent retirer du lambeau de ce sol qui leur est échu la subsistance de leur famille. Naturellement ils font leurs efforts pour obtenir de leur lot, avant tout, les objets de première nécessité, quelles que soient la nature, la position, la qualité de ce sol. On ne peut pas les blâmer. Mais qu'en résulte-t-il? c'est qu'aucune vue d'ensemble ne peut être prise par la science ; c'est qu'aucune mesure générale, ayant effet sur toutes les parties du sol qu'elle devrait embrasser, ne peut recevoir d'application ; c'est que les meilleures idées, les progrès les plus rationnels et les plus puissants sont ainsi nécessairement paralysés. Cette loi de la nécessité, qui pèse sur chacun, l'empêche de comprendre ou d'adopter ce qui est bon en soi, mais qui ne peut convenir à celui qui, vivant au jour le jour, n'a pas la faculté d'attendre les résultats lointains d'un nouveau mode de culture. Il est réfractaire à tout changement. Ce changement compromettrait son existence ; il continue par force ses errements anciens. La majorité résiste ainsi, et c'est en vain que quelques propriétaires aisés font isolément des tentatives hasardées mal conçues, mal exécutées, et qui manquent avant tout d'une des conditions du succès, celle de ne pas se produire aussi fortuitement au gré du caprice et de l'ignorance. »

de fertilité toute exceptionnelle, et nous devons nous occuper de la masse qui est en réalité dans des conditions bien moins favorables.

Maintenant, en adoptant le système que je propose, admettons que le comité d'agriculture soupçonne l'avantage d'engrais pulvérulents ou d'amendements calcaires : il en fait l'essai sur quelques lots ; si cela réussit, l'année suivante il étend l'innovation sur un plus grand espace, et plus tard sur la totalité. Ces frais supplémentaires sont remboursés par les cessionnaires, et le sol communal s'améliore à vue d'œil.

La même chose a lieu pour une plante utile et nouvelle comme pour un instrument perfectionné. Ces améliorations en amènent d'autres, tout s'enchaîne, tout marche et arrive successivement à souhait.

Supposez aussi qu'une portion de ces terrains soit jugée propre à la culture de la luzerne ou autre fourrage de longue durée. Cette partie sera défoncée, fumée et ensemencée à la diligence du comité qui en fera des lots séparés, et les délivrera comme ceux de l'assolement ordinaire (1).

Il est bien entendu que les portions de terrains communaux susceptibles de faire des prés naturels resteront en cet état, et ne pourront être labourés par les cessionnaires qui les auraient en lot. Le but étant d'augmenter

______

(1) Je laisse à décider suivant les circonstances le mode de répartition des lots. Devra-t-on procéder chaque fois par la voie du sort, ou adopter le système de *roulement* après un premier tirage ? Ce dernier moyen paraîtra généralement plus rationnel et plus équitable, surtout en y joignant le classement des lots dans les terrains de qualités diverses.

les fourrages, on se gardera bien de porter atteinte à ceux qui existent spontanément. Dans cette circonstance même l'intervention de la commission pourrait avoir encore une grande importance, car les assainissements et irrigations s'exécuteront bien mieux dans le système d'ensemble que dans l'allotissement sans réserves.

Mais, dira-t-on, beaucoup de localités ne fourniront pas une commission susceptible d'adopter et de diriger la culture progressive.

Si les gens les plus éclairés de la commune sont si rebelles aux bonnes doctrines, que serait-ce donc de la masse livrée à elle-même ?

Pourquoi d'ailleurs s'exagérer les obstacles ? Il est bien peu de communes où il ne se trouve au moins un homme assez éclairé pour diriger cette facile expérience, et deux hommes de bonne volonté pour la seconder. Le choix de l'administration les flattera, et ils tiendront à le justifier. L'exemple des communes voisines viendra les encourager, et ils auront pour eux la masse des habitants qui ne tarderont pas à apprécier les fruits de cette heureuse innovation (1).

Une autre objection pourrait s'élever encore. Ce serait la difficulté d'obtenir des fermiers de la commune l'exécution des travaux qu'on se propose de leur confier. Je pense, au contraire, que le système proposé mitigera leurs répugnances contre l'allotissement, en leur offrant

---

(1) La nomination dans chaque département d'inspecteurs spéciaux, pour stimuler le zèle et l'intelligence des Comités, me semblerait une institution nécessaire, surtout dans les premiers temps, et cette création peut même, d'après moi, être considérée dès aujourd'hui comme le complément obligé de la mesure.

2

une augmentation de travail *parfaitement rétribué*, et qui fera chaque année l'objet d'une adjudication assez importante pour les dédommager en partie du privilége injuste qu'ils vont perdre. Quelques résistances partielles seront facilement vaincues, et bientôt ils se disputeront la délivrance des travaux de leur ressort.

Des personnes fort éclairées ont pensé aussi que l'obligation imposée au cessionnaire de rembourser, en outre de la redevance communale, les frais de travaux préliminaires et de labours serait une charge onéreuse pour lui, et qu'il aurait plus d'avantage de les exécuter lui-même à la pioche et à la bêche.

Quant aux travaux préliminaires, je répondrai qu'ils seront mieux exécutés sous une direction d'ensemble qui permettra par exemple d'enlever la terre d'une partie élevée pour la transporter dans une partie basse, de diriger les eaux exubérantes dans le lieu le moins dommageable, etc., etc. J'ajouterai que les travaux de main-d'œuvre étant dévolus en totalité aux journaliers de la commune, ceux-ci recevraient d'une main au moins autant qu'ils auraient à rembourser de l'autre.

En ce qui concerne les frais de labours qui seraient remplacés par la bêche, ceci ne pourrait avoir lieu bien certainement que dans des lots de très-minime importance, et rien n'empêcherait alors d'user de ce procédé lorsqu'il serait reconnu préférable, en assujettissant toutefois les cessionnaires à suivre la régularité de l'assolement adopté.

Mais, dira-t-on, avec la meilleure volonté du monde il y aura souvent impossibilité matérielle d'exécuter à

propos dans certaines saisons les labours et semences,
*lorsque l'étendue des terrains à mettre en culture sera consi-
dérable.*

Loin de m'effrayer de cet obstacle, je pense qu'il serait à désirer que toutes les communes se trouvassent frappées de cet heureux accident. La question me semblerait
au contraire bien plus facile à résoudre.

On pourrait d'abord mettre en culture une portion
seulement des terrains vagues, et on laisserait *provisoi-
rement* le reste au parcours.

Qu'est-ce qui empêcherait aussi de semer, ainsi que
nous l'avons indiqué, des fourrages de longue durée sur
une partie des terrains susceptibles de cette destination,
et après **7** ou **8** ans d'abandonner ces lots à la pâture pour
en ensemencer d'autres ?

Ceci ne serait point sans doute la perfection absolue et
le dernier mot du progrès, mais cela serait déjà bien
préférable à l'état de choses actuel, et démontrerait du
moins que l'excès de richesse communale ne peut jamais
être un inconvénient réel pour les améliorations pro-
jetées.

On pourrait encore trouver quelques difficultés à la
livraison des engrais par chaque cessionnaire. Plusieurs
d'entre eux ne seraient pas à même d'en fournir, et com-
ment reconnaître exactement quantité et qualité ?

Tout ceci rentre dans des détails d'exécution qui pourront se modifier suivant les lieux, mais ne seront jamais
un obstacle dirimant.

Je rappellerai d'abord que la première et souvent la
seconde rotation d'assolement peuvent se passer d'engrais.

Pendant ce temps, les récoltes de plantes fourragères inciteront les habitants à élever du bétail, et au moment où cela deviendra nécessaire presque tous en seront pourvus.

Le Comité se chargera d'ailleurs de fournir l'engrais pour ceux qui déclareront ne pouvoir le faire eux-mêmes, et la rétribution s'augmentera de la valeur du déboursé.

La *quantité* ne sera guère plus difficile à reconnaître que celle des mètres de pierre livrés sur les chemins. La seule difficulté réelle sera l'appréciation de la *qualité*; mais je fais observer de nouveau que chacun ayant son lot désigné *avant la livraison*, sera bien moins porté à des fraudes dont il serait la première victime.

Tous ces petits obstacles de détail disparaîtront d'ailleurs lorsque l'acquisition des engrais pourra se faire en masse, et cela aura lieu dans un grand nombre de cas.

On pourrait même poser ce dernier mode comme règle générale, avec faculté à chacun des cessionnaires de fournir la valeur de son contingent en nature, lorsque l'engrais qu'il voudrait livrer serait reconnu de bonne qualité.

Le projet, dira-t-on enfin, nécessitera des avances de fonds de la part des communes, et plusieurs seront dans l'impossibilité d'y subvenir.

Je répondrai d'abord que ces avances seront peu considérables, d'autant plus qu'une partie de ceux qui devront recevoir auront également à payer, ce qui réduira notablement les déboursés.

J'ajouterai qu'il est bien peu de communes qui ne possèdent à la caisse de service des fonds qui ne pourront recevoir une destination plus avantageuse et qui ne lui enlèveront aucun revenu, puisque les intérêts du capital de roulement seront ajoutés à la rétribution de chaque lot.

Enfin, celles qui sont sans aucune ressource pécuniaire trouveraient dans la vente d'une faible portion de leurs terrains les moyens de décupler les produits du reste.

Si on voulait pousser l'application de l'idée première jusqu'à ses extrêmes conséquences, on pourrait peut-être, dans les localités frappées de cet embarras de richesses improductives dont nous parlions plus haut, faire apercevoir au loin de belles et riches fermes créées par les communes et administrées à leur profit comme de véritables fermes-modèles. Mais ce tableau pourrait aujourd'hui sembler un prestige. Contentons-nous du bien relatif en attendant le bien absolu.

Je pense avoir prévu les objections principales. Sans doute il peut s'en élever d'autres, et, en émettant une idée que je crois neuve et féconde, je n'ai pas la prétention de la présenter du premier jet comme inattaquable, et de la voir admettre sans opposition consciencieuse et raisonnée; mais si le principe semble bon, tâchons de le faire prévaloir, et laissons au temps et à la raison publique le soin d'en éclairer et d'en justifier l'application.

———

CONCLUSIONS.

La Société d'Agriculture de Chalon-sur-Saône appuyerait la pétition adressée à la Chambre des Députés par les habitants du Jura, de la Côte-d'Or et de Saône-et-Loire, à l'effet de réclamer une nouvelle loi sur la jouissance des biens communaux.

Cette loi reposant sur le principe de la nue-propriété pour les communes, et de l'usufruit pour les habitants, prescrirait :

1.º La mise en culture de tout ou partie des terrains communaux susceptibles de recevoir cette destination, lorsque cette mesure serait approuvée par la majorité des habitants ;

2.º L'allotissement de ces terrains entre tous les ayant-droit pour un temps limité et avec mutation périodique des lots ;

3.º La Société demanderait en outre l'intervention administrative dans la gestion et la surveillance de la culture par l'intermédiaire d'une commission syndicale instituée dans chaque localité.

Séance du 5 Avril 1844.

Présidence de M. Humblot-Conté.

La Société d'Agriculture, après avoir dans la Séance précédente désigné une Commission pour examiner le rapport de M. Jules Seurre, en adopte les conclusions quant à la base et les deux premiers points qui en dérivent.

Quant au troisième,

Considérant qu'il renferme une idée totalement neuve et qui touche à de graves questions législatives, administratives et agricoles ;

Considérant que cette idée, qui peut avoir une véritable portée d'avenir, a besoin d'être sérieusement étudiée et mûrie par une discussion plus étendue ;

La Société, sans se prononcer aujourd'hui pour son adoption définitive, invite l'auteur à livrer son projet à la publicité, et vote unanimement l'insertion du rapport dans le Journal de la Société.